U0176792

洞庭湖畔的建筑传奇

THE LEGEND OF ARCHITECTURE BY THE DONGTING LAKE

岳阳湖滨大学的前世今生

The Past and Present of Yueyang Lakeside University

中国文物学会20世纪建筑遗产委员会　岳阳市南湖新区教会学校文物管理所　编

天津大学出版社
TIANJIN UNIVERSITY PRESS

图书在版编目（CIP）数据

洞庭湖畔的建筑传奇 ：岳阳湖滨大学的前世今生 / 中国文物学会20世纪建筑遗产委员会，岳阳市南湖新区教会学校文物管理所编. -- 天津 ：天津大学出版社, 2022.10

中国20世纪建筑遗产项目．文化系列

ISBN 978-7-5618-7333-5

Ⅰ．①洞… Ⅱ．①中… ②岳… Ⅲ．①高等学校－教育建筑－介绍－岳阳 Ⅳ．① TU244.3

中国版本图书馆 CIP 数据核字（2022）第 187526 号

图书策划：金　磊
图书组稿：韩振平工作室
责任编辑：李　琦
装帧设计：朱有恒

DONGTING HUPAN DE JIANZHU CHUANQI ： YUEYANG HUBIN
DAXUE DE QIANSHI JINSHENG

出版发行　天津大学出版社
地　　址　天津市卫津路 92 号天津大学内（邮编：300072）
电　　话　发行部：022-27403647
网　　址　www.tjupress.com.cn
印　　刷　北京盛通印刷股份有限公司
经　　销　全国各地新华书店
开　　本　700×1010　1/16
印　　张　8
字　　数　102 千
版　　次　2022 年 10 月第 1 版
印　　次　2022 年 10 月第 1 次
定　　价　81.00 元

谨以此书
献给百年来为呵护岳阳教会学校建筑遗产
贡献心智的人们

序 PREFACE

/ 单霁翔

/Shan Jixiang

很高兴看到《洞庭湖畔的建筑传奇——岳阳湖滨大学的前世今生》一书出版，该书的出版使得"中国 20 世纪建筑遗产项目·文化系列"丛书更加丰富、更加完善。湖滨大学的前身岳阳教会学校在 2019 年被列入第四批中国 20 世纪建筑遗产项目。岳阳教会学校具有非常高的遗产价值，在中国近代建筑文化史、20 世纪教育史和社会发展史中有着很重要的地位。本书将通过一个个故事来为读者介绍岳阳湖滨大学的前世今生。

It is my great pleasure to see the book titled *The Legend of Architecture by the Dongting Lake: the Past and Present of Yueyang Lakeside University* has come out, which has enriched and improved the series of books on the "20th Century Chinese Architectural Heritage Project · Culture Series". Yueyang Mission School, the predecessor of Lakeside University, was included in the 4th of the 20th Century Architectural Heritage Projects in China in 2019. Yueyang Mission School has a very high heritage value and a very high status in the history of Chinese modern architectural culture, the history of education and social development in the 20th century. This book introduces the past and the present of Yueyang Lakeside University with a series of stories.

岳阳教会学校于 1907 年建校（同年该校在美国教育部申请注册为湖滨大学，并获得学士学位授予权），1910 年正式设立大学部，1929 年并入华中大学（今华中师范大学）大学部。虽然仅历时 20 余年，但该校见证了中国高等教育发展初期近代中国与西方文明交流的过程。经国务院批准，"岳阳教会学校"于 2013 年被列入第七批全国重点文物

保护单位。

Yueyang Mission School was founded in 1907 (registered as Lakeside University with the US Department of Education in the same year, and received a bachelor's degree grant authority), with the Undergraduate School formally established in 1910 and incorporated into the Undergraduate School of Central China University (today's Central China Normal University). Although it lasted for only 20 years, it witnessed the communication between modern China and Western civilization in the early stage of Chinese higher education development. In 2013, with the approval of the State Council, Yueyang Mission School was included into the 7th Major Historical and Cultural Sites Protected at the National Level.

2020 年 8 月 25 日，我赴湖南省岳阳市考察文化遗产项目，在省文物局及市委市政府领导的陪同下，来到洞庭湖畔的岳阳教会学校。学校由美国传教士海维礼博士创建，学校建筑融汇了东西方的建筑风格，与良好的生态环境融为一体，非常和谐。今人走在其中仍可感受到百年前岳阳教会学校的校园规模之大与规划设计之妙。

On August 25, 2020, I went to Yueyang, Hunan Province, to investigate into the cultural heritage project. Accompanied by the leaders of the Cultural Heritage of Hunan and the Municipal Party Committee and Government of Yueyang, I went to Yueyang Mission School by the Dongting Lake. Founded by the American missionary Dr. William Edwin Hoy, the architectures in the school integrating the Eastern and Western architectural style goes in perfect harmony with the fine ecological environment. Today, strolling on the campus, we can still feel the large campus scale and the wonderful planning and design of Yueyang Mission School 100 years ago.

岳阳教会学校是帝国主义国家对湖南进行侵略的实物见证，也是岳阳新式学校中最早的高等学校和岳阳近现代教育的肇始之地，具有较高的历史、艺术和科学价值。虽然它曾是为传教而设立的，但在客观上也帮助岳阳引进了西方近代科技和先进设备，对当时的岳阳人来说，在帮助其认识西方、开阔眼界、拓新观念等方面，该校的成立起到了一定的积极作用。同时，学校还培养了一批近代知识分子，1949 年前从这里走出的中共地下党员及革命志士至少有几十位。

Yueyang Mission School is the physical witness of imperialist countries' invasion of Hunan, and also the earliest higher school among Yueyang new-style school and the beginning of Yueyang modern education. It has high historical, artistic and scientific values. Although it was established for missionary purpose, it objectively helped Yueyang to bring in modern science and technology and advanced equipment from the West, and played a positive role in helping Yueyang people to understand the West, broaden their horizons and update their thoughts. Besides, a group of modern intellectuals have been cultivated. And no less than dozens of underground members of the CPC and revolutionaries came out of the school before 1949.

感谢岳阳市南湖新区教会学校文物管理所与中国文物学会 20 世纪建筑遗产委员会的使命担当，感谢《中国建筑文化遗产》《建筑评论》编辑部为编撰该书所付出的辛勤劳动，相信该书的出版将会填补中国教会大学建筑遗产著述及总结的空缺，也希望它能够为中外建筑文化遗产的多样性提供创新型思路。

Thanks to the Cultural Heritage Administration Institute of Yueyang Nanhu New District Mission School and the 20th Century Architectural Heritage Committee of the Chinese Society of Cultural Relics for fulfillment of their missions. My gratitude also goes to the editorial departments of *Chinese Architectural Heritage* and *Architectural Review* for the hard work in compiling this book. It is believed that the publication of this book will fill the blank in the writing and summary of architectural heritage of mission colleges in China, and it is hoped that the book will provide innovative ideas for studying the diversity of Chinese and foreign architectural heritage.

在此特别祝贺《洞庭湖畔的建筑传奇——岳阳湖滨大学的前世今生》一书问世！故以此为序。

Hereby I would like to express special congratulations on the publication of the book *The Legend of Architecture by the Dongting Lake: the Past and Present of Yueyang Lakeside University*! This is the preface.

单霁翔

中国文物学会会长

2022 年 3 月

Shan Jixiang

President of the Chinese Society of Cultural Relics

March 2022

目录

篇一　穿越时空的记忆

岳阳教会学校的故事，既遥远也不遥远。它虽穿越百年，但校园景观与建筑尚完好保留。春去秋来，四季更迭，这一建筑群因被悉心照看而得以在历史的动荡中留存。本篇将回顾岳阳教会学校成立的背景，真实记录这里发生的历史事件及所涉及的人物、环境。这里有校园建筑营造的故事，有对人文、环境的记录，这里承载着中华英才闪烁的革命火花。作为第七批全国重点文物保护单位，岳阳教会学校是这座城市的人文地标，是既有文化教育内涵又充满红色记忆的文旅新天地。

The tale of the Yueyang Mission School is remote and not remote. The landscapes and buildings on its premises, though it has a history of more than 100 years, remain intact. Despite the passage of time, this complex stands in the ups and downs of history for it has been carefully attended to. This chapter will look back at the background of the establishment of Yueyang Mission School, record truthfully the occurrences here of historical events as well as people and environment involved, including stories about the construction of school buildings, cultural and social records, and revolutionary sparks glittering with talent of the Chinese. As one of the 7th Major Historical and Cultural Sites Protected at the National Level, the Yueyang Mission School is a cultural landmark of this city, a new world of culture and tourism with both cultural and education connotation and full of red memories.

湘北名城

　　岳阳，古称"巴陵""岳州"，是一座有着 2 500 多年悠久历史的文化名城。岳阳位于湖南省东北部，其风景秀丽、文化深厚，集名山、名水、名楼、名人、名文于一体，是湘楚文化的重要发源地。

　　关于"岳阳"这一地名的来源，有幕阜山之南说、巴丘山之南说、颜延之诗句说 3 种，以幕阜山之南说影响最大。王象之《舆地纪胜》有言："幕阜亦谓天岳，州据其阳，故谓之岳阳。"

　　岳阳市素称"湘北门户"。境内水系复杂，江河纵横，

湖泊密布，大小湖泊共有 165 处，以洞庭湖为最大。还有新墙河、汨罗江、湘江、资江、沅江、澧水、松滋河、虎渡河、藕池河等 9 条大中江河入湖，形成以洞庭湖为中心的辐射状水系，这亦被称为"九龙闹洞庭"。其中前 6条统称为"南水"，后 3 条统称为"北水"，南、北两水在城陵矶汇入长江。

岳阳市地处华中腹地，位于中亚热带季风性湿润气候区的北端，严寒期短，无霜期长；降水集中，水资源丰沛；雨季明显，春温多变，夏秋多旱，寒潮频繁；四季分明，季节性强。

岳阳交通便利，京广铁路、浩吉铁路、京广高铁、京港澳高速公路、杭瑞高速公路等国家交通大动脉在市区纵横交错。整座城市依长江而建，这也使其成为湖南唯一的沿江国际贸易口岸城市，也是中国著名的港口城市。城陵矶港通江达海，岳阳机场融入空中航线，形成"水陆空铁"四位一体的综合性立体大交通网络，从而使岳阳与世界各地紧密地联系在一起。

岳阳风景秀丽，气候宜人，土地肥沃，物产丰富，素有"鱼米之乡"的美誉。

岳阳文化积淀深厚。全市共有不可移动文物点 1 670 处，其中全国重点文物保护单位 22 处，省级文物保护单位 51 处。全市有国家级非物质文化遗产代表性项目 6 个，省级非物质文化遗产保护目录代表性项目 17 个。

岳阳历史悠久，文化灿烂。在这块神奇的土地上，曾涌现出许多仁人志士、英雄豪杰，他们的众多故事和传说令亿万后人为之倾倒折服，为人们永远敬仰和挚爱。宋代范仲淹在此写就的《岳阳楼记》成为千古名篇，"先天下之忧而忧，后天下之乐而乐"表达了众多仁人志士忧国忧民的高尚情怀。

西风渐进

从 19 世纪中叶到 20 世纪初，西方殖民者对中国的经济侵略和掠夺进一步加剧，并开始对我国民众的思想进行同化。自岳阳成为通商口岸后，湖南的北大门被打开，西方军队、商贸、宗教势力纷纷进驻，掠夺资源，奴役人民，

并在华享有最惠国待遇、外交豁免权等；与此同时，西方势力的进入也促进了国外现代文化、思想在中国的传播，通商口岸及周边的民众开始与西方人接触，在西方势力经商、传教、驻军等活动中，互相学习语言、文化和宗教。

一些外国传教士来到岳阳传播西方科学文化知识，培养了不少新式知识分子，他们的到来使得逐渐渗透的西方文化与岳阳本土文化相互碰撞。开辟通商口岸后的岳阳不仅在商业文化上开始转变，在文化和教育事业上也发生了重大变化。

于是各种形式的教会学校应运而生。教会学校涵盖了从学前教育到高等教育的教学阶段，除普通教育外，还开办了职业教育、特殊教育、社会教育等学校，办学形式及规模都十分全面。同时，教会还成立了教育会、青年会、书局、印刷机构、报纸发行等机构。

　　教会学校的兴办带来了西方教育的理念和办学体制，给中国当时的教育带来了不同的视野。教会学校在传播西方文化思想的同时，也对我国普通百姓的传统思想产生了非常大的冲击。面对列强的压迫，我国人民开始踏上了追求科学、民主的自强之路。教会学校为中国培养了大批优秀的人才，在介绍和引进西方先进的自然科学、社会科学方面发挥了积极的作用，推动了岳阳城市现代化的进程。

岳阳教会学校就是在中国正面临内忧外患的历史背景下，由美国基督教复初会传教士海维礼所创办的。

作为第七批全国重点文物保护单位，岳阳教会学校又被收录进第四批中国20世纪建筑遗产名录。这并非偶然，它所开创的建筑教育史、文化遗产史、人才成长史等是其入选的必然因素。2021年恰逢中国共产党建党百年，以建筑的名义回眸中国建筑百年变局，探究岳阳教会学校创建110多年以来的人和事，对以史为鉴、开创未来，在历史人文教育中省思人类命运是有所裨益的。

从湖滨大学走出的革命先驱

1907年，岳阳近现代史上的第一所正规大学——岳阳湖滨大学（岳阳教会学校）正式开办。虽历经百余载，但其今日之风彩姿韵依旧不减当年。漫步在校园的青砖路上，人们心中会浮现出这样的疑问，这里走出了哪些英杰？

原本宁静的校园，在火热的时代潮流中也无法平静。1919年，中国爆发五四运动，全国一浪高过一浪的爱国救亡运动展开，湖滨大学的学生也自觉地投身其中。他们去城陵矶码头检查日货，劝岳阳市民拒坐日本轮船；在岳阳的舞台上化妆演戏，向市民募捐善款以赎回胶济铁路；在工农识字班和夜校，向工农群众宣传爱国道理等；还进行了抵制英轮、英货的宣传，打击了英国帝国主义。当时，英国怡和、太古轮船公司的轮船不要票、不收伙食费，以此来招揽乘客，却没有人去坐。湖滨大学为岳阳、湖南乃至全国培养输送了各类优秀人才。

彭庆晌（1903—1928），字拚黄，湖南岳阳人。他曾就读于湖滨大学，离校后进入毛泽东创办的湖南自修大学读书，1923年又考入北京师范大学。他深受其父辈的影响，思想里早就注入了革命基因。其祖父彭友兰曾任云南镇守使，在中缅边境谈判时担任中方代表。他义正词严地反驳了英方的诡辩，拍案相争，不使边疆输失寸土，后来，百姓为纪念他，在丽江修建了彭公祠。其父彭承念追随孙中山，于1905年加入同盟会，成为岳阳最早的同盟会会员，后为中华民国临时政府参议院议员，参加中华革命党及反对北洋军阀的护法运动等。彭庆晌和他的5个弟弟妹妹先后都加入中国共产党，因其父在国民党中名望高，中共湖南省委让他留在长沙做情报工作，后被叛徒出卖，彭庆晌被捕，于1928年9月被何键秘密杀害于长沙识字岭。

谭侃（1900—1931），湖南长沙人。曾就读于湖滨学校，后于雅礼大学预科班毕业。1924年加入中国共产党，后受组织派遣进入黄埔军校学习，为黄埔军校第二期步科毕业生。1930年7月任红二军团第六军十六师48团政委，1931年率部攻打湖南岳阳华容城时牺牲。

周岳森（1924—1984），岳阳楼区人。自湖滨学校进入广州中山大学，在大学期间曾领导大、中学生进行"反饥饿、反内战"运动。后回乡任教，参与创办《师萃》刊物，宣传进步思想。1948年加入中国共产党，任中共岳阳总支部委员。解放前夕，他根据党的指示，从事岳阳国民党党政军上层人士的策反工作；组织成立岳阳解放社，开展迎解活动，为岳阳和平解放做出了较大贡献。

邱润民（1902—1971），于湖滨大学获文学学士，中共地下党员，后来下南洋到印度尼西亚，成为当地有名的实业家，在雅加达投资教育，在华侨中学当教师，是印度尼西亚爱国华侨中的杰出人才。1962年，他作为爱国华侨代表受邀回国，参加中华人民共和国成立13周年国庆典礼。

叶重开（1898—1928），湖北崇阳人。1919年考入岳阳湖滨大学，1923年毕业后被聘为崇阳沙坪福音堂小学教员。1926年加入中国共产党，参加了秋收起义，经过三湾改编后，去到井冈山。红军打下茶陵后，叶重开任留守处主任，打土豪，为红军筹饷。1928年1月5日，留守处人员50人在遂川大汾遭地主200多名武装人员突袭，因敌我力量悬殊，叶重开壮烈牺牲，年仅30岁。

另据史料记载，1926年冬，在大革命的浪潮中，校方外籍人员撤离岳阳，学校停办，中国岳阳地委组织部长孙稼派吴国铎等在此创办"双十学校"。学校还成立了党支部，后因有人告密，被枪杀者数十计。

百年活化石——校园遗产

　　作为全国重点文物保护单位，岳阳教会学校建筑群也是被社会普遍认可的国家级建筑遗产瑰宝，从《中华人民共和国文物保护法》第十五条规定的各级文物的标准来看，其已拥有较明确的保护范围、保护标志、记录档案、保管机构。从中国 20 世纪建筑遗产的认定标准来看，"它应是反映近现代中国历史且与重要事件相对应的建筑遗迹与建筑群，是城市空间历史文化景观的记忆载体……"。中国近代教会大学虽然是帝国主义侵略中国的产物，但从另外一个角度看，它不仅对中国教育近代化、现代化起到了促进作用，还成为近代中国建筑与城市发展的一种特殊历史现象。中华人民共和国成立后，通过 1952 年的院系调整及社会主义改造，几乎所有的教会学校均转变为服务于国家和人民的教育机构。

　　1．湖滨大学的文化遗产

　　20 世纪的前 30 年，许多在华教会都将所属学院拓展成教会大学，据不完全统计，至少有 20 余所，如上海圣约翰大学、金陵大学、之江大学、东吴大学、沪江大学、岭南大学、华南女子文理学院（原名华南女子大学）、福州协和大学、成都华西协合大学、燕京大学、齐鲁大学、华中大学、雅礼大学、辅仁大学、震旦大学、京都大学、岳阳湖滨大学等。若忽略教会大学传教的目的，它的产生顺应了中国人引进西学的大趋势。教会大学在筹划和建设中，既要体现出对中西文化差异的理解，又必须发扬东方之固有文明。

据团结出版社 2018 年版《湖滨大学》记载，已在岳州城六载的美国传教士海维礼牧师和他的助手，在 1904 年反复踏勘黄沙湾小湖村后，买下了 13 亩（约 8 666.7 平方米）土地，后陆续扩大到 200 余亩（约 13.3 万平方米），经过自主规划、设计，并由一批中国工匠施工，创办了岳阳有史以来第一所正规化的大学，湖滨大学大学部（1910—1926)的文凭是获当时美国教育部注册认可的。1929 年 1 月，湖滨大学大学部并入华中大学。那时绝大多数的教会大学，都是由接受过欧美完整建筑教育的职业建筑师操刀设计的，作为建筑师，他们也许没有传教士那种欲使"中华归主"的宗教热忱，所以其设计相对纯粹。可非建筑师的海维礼虽为牧师，但他在岳阳湖滨大学的校园设计中，却摒弃了西方的偏见，持有非建筑人的自主且公允的社会与地域评判标准，传达出颇具东方情感与精神的校园设计理念。

正如日本媒体对海维礼的评价："来自美国宾夕法尼亚州米夫林堡神学院的毕业生海维礼，是位睿智且踏实的学者型创业者，特别能吃苦，有着罕见的坚韧精神。"从中西合璧的校园建筑看，他是钟情于灿烂的中国文化的。海维礼，一位西方传教士，放弃在本国的社会地位，来到战火纷飞的中国传播现代科技与文明，这是值得肯定的。为表纪念，现湖南民族职业学院（湖滨大学分支）建有海维礼广场，海维礼、海光中夫妇的巨幅雕像矗立于此。

在湖滨大学毕业的学生撰写的回忆录中，也有一系列对他的赞美评价，如"海先生的伟大，在于不分国界，心公万物，以服务人群为己任，足迹所至，德意之深入人心，至今犹使人惓惓不忍或忘"等。

2. 湖滨大学留下的建筑遗产

或许我们无法诠释岳阳湖滨大学建筑遗产的完整价值，但通过对已有资料研究可进行如下归纳。

其一，教会大学既是中西建筑文化交流的体现，也是中国近代探索民族形式建筑风格的重要组成部分。岳阳湖滨大学堪称其中的一个缩影，其所蕴含的 20 世纪建筑遗产价值已经凸显。

其二，从校园建筑设计出发，中国教会大学无论是出自职业建筑师或非职业建筑师之手，其中最引人瞩目的当属校园规划设计中所渗透的中外文化，这也是如今"一带一路"倡议乃至教育发展所需要的。

其三，教会大学建筑堪称中国建筑文化遗产的"活化石"，美轮美奂的建筑不失中国匠人的智慧，不失建筑师的求索精神与精湛设计。

其四，岳阳湖滨大学的故事篇章不长，但它有宏大格局。这里曾留下了湖滨大学后来者不懈耕耘的足迹与心声，该校教育的研习之功得到传承，岳阳、湖南乃至中国的嘉惠学林之果也不断结出。

在湖滨大学，人们不但可以品味精致的建筑，更能感受到其百年以来的红色文化。在这里，校园建筑与一代代湖滨大学人的"故事"，构成了最美的风景。

篇二　黄沙湾畔的奇迹

了解岳阳黄沙湾历史的人，会感怀诞生在此的岳阳教会学校，会情不自禁地用言语表达其深厚的情感。一百多年前，由美国牧师设计、中国匠人建造的岳阳教会学校，总能使人想起岳阳洞庭湖畔的自然风光与人文景观下，那些代表"乡愁"的风情、风物与风俗。校园建设的"奇迹"是中西方不同建筑文化的"交响"，而发生在校园的红色"奇迹"，却源自现代化教育下的中国"故事"。本篇的文字与讲述，通过深入事件本身，梳理岳阳教会学校的发展脉络，直观而形象地呈现了发生在黄沙湾畔的"奇迹"。

People familiar with the history of Huangsha Bay, Yueyang, would recall emotionally the Yueyang Mission School founded here, and could not help but talk about their deep emotion for it. Designed by American priests and constructed by Chinese artisans a hundred years ago, it always reminds people of the natural scenery and cultural landscape by the Dongting Lake in Yueyang, and the customs, scenery representing "nostalgic". While the "miracles" of campus construction were a result of architectural interaction between China and the West, those red "miracles" that occurred on the campus are Chinese "stories" born out of modern education. This chapter presents a factual account of the "miracles" that happed at Huangsha Bay by going deep into events and over the developments of the Yueyang Mission School.

光耀前夜

提到教会学校，便不能不提其设计者海维礼，也不能不提海维礼之妻海光中。

1898 年，美国基督教复初会派神学博士海维礼到岳阳传教，海维礼的妻子海光中随他一同来到岳阳。在与中国人广泛接触后，海维礼发现，知识分子在中国拥有无可比拟的地位，这也就形成了中国人民重教育、爱读书的传统，不少农村家庭依旧秉承着"耕读传世"的家训。鉴于此，海维礼认为，若想在中国顺利开展传教活动，兴办近代教育事业是应有之义。这也是复初会一以贯之的传教方针，是传教士公认的最有效的传教手段。

此时，义和团运动风起云涌，为安全起见，海维礼夫

妇二人只得暂离岳阳避风。1899年11月13日,岳阳开关,海维礼夫妇再次回到岳阳。不久后,他们开了一家诊所(普济医院的前身,今岳阳市人民医院),还建了一座福音堂。

1902年,海维礼在岳州塔前街成立了求新学堂,开办小学教育,这便是湖滨大学的前身。刚开始学校只有海

维礼和一名中国老师，教授 9 名小学生，教学条件十分
简陋。

1903 年 2 月 17 日，求新学堂新教学楼拔地而起，
学生宿舍和教室配备齐全，有 32 名新学生前来报到。之
后的几天，每天都有大批学生希望能入学，但由于条件有
限，海维礼不得不四处张贴告示，说明求新学堂无法继续
招生。

海维礼的妻子海光中，于 1903 年办起了一所当时湖

南最早的外国教会女子学校——贞信女子初小，后扩建为女子初级中学，名为美立贞信学校。

1904 年 12 月 24 日，海维礼在岳州以南、洞庭湖东岸处购买了一片面积为 13 亩（8 666.7 平方米）的土地，用以扩大求新学堂的规模。海维礼在给美国复初会的报告里写道："1906 年 2 月的最后一天，我和另一位教友梅森去到湖边以确定建筑物的位置。第二天，也就是 1906 年 3 月 1 日，我们开始着手建设工作，直到 1907 年 2 月初，我们顺利竣工。建设过程十分艰辛，我们没有建筑师，没有承包商，没有任何形式的中间商。我负责规划，购买材料并监管施工过程。所有建筑都是砖砌而成的，建筑的成本为：霍夫曼大厅 3 346.16 美元，大讲堂 3 032.16 美元，餐厅和体育馆 1 335.36 美元，厨房和储藏室等 39.01 美元，浴室、理发店和其他建筑 555.10 美元，地皮 631.34 美元，匹兹堡传教士住所 1 500.00 美元，总成本为 16 859.13 美元。一半的中国人很难相信新校能建造成功，来访的传教士也十分震惊。用这笔钱能修成新校，可谓是一个奇迹。"

1907 年 2 月 23 日至 26 日，求新学堂从岳州搬到湖滨。因与洞庭湖相邻，学校遂改名为"盘湖书院"。后设大学部，更名为湖滨大学，这也是岳阳近现代史上第一所正规大学。

有关资料显示，从购买土地、选址设想到规划设计、施工监管，海维礼一直亲力亲为，建造过程则由岳阳当地的中国工匠参与完成。海维礼先生的智慧与才能令人不得不佩服。

对于那一时期的工作，周韦平在《岳阳教会学校总平面考证分析》一文中写道：

……查证历史文献资料《新教在华传教100年（1807—1907）百年会议历史卷》[*A Century of Protestant Missions in China (1807–1907): Being the Centenary Conference Historical Volume*]，作者Donald MacGillivray，其译文如下：在1896年春天，美国复初会传教士海维礼，受命要去中国进行传教。他先后访问了上海、南京、九江、汉口等地。根据考察情况，他认为必须在中国传教。他给教会的刊物

写了很多信，并且准备了很多小册子，着手准备在中国中部的传教工作。同时，他也志愿投入在中国传教的工作中。

1899 年末，他受命开启新的传教任务。在 11 月 15 日抵达汉口后，很快他便在汉阳租了房子并学习汉语。1900 年 2 月，他和牧师弗雷德·克罗默（Fred Cromer）一起工作。在安排好举家搬迁至中国的问题后，同年 6 月，他和牧师克罗默一起回到日本仙台。

直到 1901 年 2 月，他们奉命回到中国，海维礼全家都搬到了牯岭（今江西九江牯岭镇，在庐山山腰上）。然后他和牧师克罗默一起去到岳州，在那里租下房子，开始了传教工作。同年 10 月，牧师克罗默因为眼疾严重回到了美国，之后，海维礼把全家接到了岳州。

……

为了推动当地对男孩和年轻男子的教育工作，海维礼计划建立学校，其中包含预科学校、各个学院和大学学校。海维礼负责这项工作，牧师保罗·E.凯勒（Paul E. Keller）、弗兰克·J.布彻（Frank J. Bucher）和霍勒斯·H.莱克尔（Horace H. Lequear）则作为助手。海维礼购买了一大片土地用以学校建设。

选址与规划

  岳阳教会学校位于洞庭湖畔，环境清幽，景色优美，建筑依水而建，充分结合地形地貌。无论是校园选址还是规划布局，都反映出岳阳教会学校与所在环境紧密结合的特点。

  各建筑单体，无论是在立面、形态、色彩上，还是在材料、结构、细部装饰上，都充分体现了中西合璧的建筑思想，既传承了欧美学校的建筑风格，又在建筑的形态、布局和使用功能上颇具特色，反映出岳阳近代建筑的设计水准和建造技术。

  不同于以往外国建筑师在中国规划建造的校园，岳阳教会学校沿革了西方以教堂为中心的规划布局，又紧密结

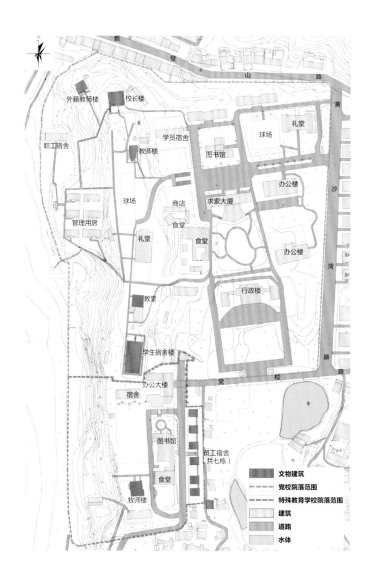

合了滨湖地区的低缓丘陵地形。校园建筑群的形态基本呈
南北向带状，分布在低缓的黄沙湾山顶及东西两侧的山坡
上。基地狭长，南北长约 580 米，宽约 200 米，占地面
积约 110 000 平方米。西面山下为烟波浩渺的洞庭湖，

学校与湖光山色融为一体。这种规划布局形式不仅顺应了自然环境，也符合西方教会学校的规划思想，为教会学校营造了良好的空间环境氛围。初期建设时，基地被充分利用，以建造教学楼、办公楼、教师住宅和学生宿舍。校方尽力完善学校的使用功能，配备建设了用于祷告的教堂、学生运动场和其他附属建筑物，让所有师生都能在这个充满向上、安宁、愉快、和谐氛围的校园内生活学习。

岳阳教会学校的校园绿化非常丰富，校区内广植树木，为在此学习、生活、工作的全体师生提供了极为优美的校园环境。岳阳良好的气候环境，使得校园内的树木郁郁葱葱，学校建筑全都掩隐在浓密的树丛中，至今不少树木的树龄已超过百年。校园人文荟萃，自然环境优越，岳阳教会学校成为久负盛名的教书育人之地。

百世流芳

湖滨大学设立三年制小学班、四年制中学班、四年制大学班及三年制神学班。小学班开设中文、英文、地理、算术和基本生理学课程；中学班的课程特别强调学生对汉语言文学的深入学习，同时还增添了中级英语、历史、数学等课程。大学班的课程包括高级英语、英语文学、中级历史、数学、科学和哲学等。神学班的设置一般依照对传教士人数的需求而定。体育和圣经是所有班级都必须学习的课程。

　　学校设有董事会，其主要职能是监督学校的办学以及经费的使用情况。董事会一般由 5 位基督教徒组成，学校的重大事项须经董事会研究后决策。学校还设有教导、训育、体育、童军、总务等机构。学校特

TEACHERS AND EVANGELIST

别注重对师资力量的培养，在建校初期，校长一般都由留美学生担任，后期只要是教会大学毕业者即可担任，如第一任校长由留美归来的物理学和心理学硕士薛世和教授担任。湖滨大学第一届学校教职人员情况如下表所示。

湖滨大学第一届教职人员一览表

职务	姓名
校长	薛世和
副校长	赖美德
书记 （相当于今日的秘书）	保尔格
会计	雷克玉
外国教员	海维礼之妻海光中、保尔格之妻、雷克玉之妻、赖美德之妻、巴克满、拉巴克、泰特夫妇、尹特夫妇、何谓信等
中国教员	候小堂、邓痴忠、丁衡丰、李洞庭等

学生主要来源于岳阳、临湘、沅陵、华容等地的教会小学。每年暑假，各校校长或老师带领毕业生到湖滨学校集中会试，每次大约百余人参加。成绩排名前三的学生可免费进入湖滨初中，直至高中毕业，其学费均由湖滨大学开创的"会试助学金"拨付，目的是激励学生上进，培养出更多人才。成绩稍靠后的学生，其学费则被免去一半，或被准许在其学余时间加入学校创办的农村部，做些养猪、牧羊、饲养鸡鸭、培植果园、耕种农田、培植良种等勤工俭学的工作，以获得经济补助。据1950年6月调查统计，学校的奖学金、助学金分为4类：奖学金、贫寒奖金、工读奖金及基督徒助学金。

每届考生中的落第者仍会获得毕业证书，次年可以再考。学校讲究教学质量，对老师的素质要求很高；就学者则奋发图强，力争品学兼优。当地学风为之一振，以致各县教会学校的学生人数也为之大增。

学校的资金来源主要分为两种。一种是由美国复初会拨款，中华人民共和国成立前每年的拨款为 13 000 美元或 12 000 美元；中华人民共和国成立后，每年的拨款为 7 200 美元。第二种是学生的学杂费、膳宿费，均用熟米计算，如 1950 年上学期共收取学杂费 145.6 石，膳宿费 382.2 石；学生每人上交学杂费 0.8 石，膳宿费 2.1 石。当时的 1 石约等于现在的 60 千克。此外，学校还办有附属事业，如果园（设在校内），农民服务处第一处（设在湖滨冷铺子）、第二处（设在白鹤垅）。

学生在学校的生活也十分精彩。在学校允许的范围内，他们可以自由组织各种团体，只要对本校有辅助之益，对同窗有互资观摩之妙，对社会国家各方面亦有所裨益，学校均大力支持。在校期间，学生自主成立了以下社团。

一是青年会。该会在求新学堂成立之初名为求新学堂青年会；1907 年春，随校址迁移更名为盘湖书院青年会；后又随学校更名为湖滨大学青年会。青年会是湖滨大学里最有精神之团体，该会以发展学生德智体群、提倡高尚校风、养成健全人格为宗旨，以正宗基督徒为责任会员，其享有选举及被选举权。非基督徒为通常会员，仅有建议权而无职任。

二是传道团。该团由立志终身传道者联合所设。团内

成员除在布道部任职者外，其他成员随时间进行布道以清人心，并维护社会事业。

三是耶教会。会中有长老和执事各 2 人，外请男性传道者 1 人，教友有 80 余人，每年可募捐 300 元左右。

四是童子军。由学校有尚武精神、热爱劳动事业的学生组建而成。在课余时，他们便出外模拟行军打仗。

五是励进会。该会先是由一部分学生为自治而创立的自治会，之后又有部分学生加入，因热心公益事业而更名为公益会，运转几个寒暑后，颇得教员赞许。后又改名为进步会，岁改月移，进步会渐趋停摆，后来得到中学支援，成立励进会。

此外还有体育会、英文文学会、伙食委赠会、交际社、英语会、爱国团、筹赈会、赎路会、国货会、游水队、红十字救护队以及各级班友会、同乡会等形形色色的学生团体，体现出学校生活之精彩。

学校还有校歌，学生每日课间吟唱，歌词如下：

哦　湖滨　我爱你！
上溯天下及地，
风致绰然。
汝乃环山抱湖，
林木花卉悦目，
清空飞鸟出没，
终年乐欢。
吾学为人于斯，
吾更勉奋于兹，
尽吾所能。
我之心志怀抱，
忠诚目的达到，
所受一切之教，
简在帝心。
湖滨精神散布，

弥漫中华到处，

生命为赞。

真理学业日上，

其以帝之灵光，

扫除世间孽障，

战胜过失。

哦　湖滨　我品评，

师及弟子真诚，

高尚组织。

吾辈取汝珍宝，

解脱束缚锁链，
致使吾国变成
尊荣大地。

岳阳教会学校不但在教育上影响了很多人，也开创了岳阳的体育比赛史。1919年，岳阳举办第一届田径运动会，各项比赛中湖滨大学的学生均有参与。1923年4月，湖滨大学足球队与城陵矶岳州海关外员足球队在东门操坪举行比赛，这是岳阳最早的现代足球赛事，让岳阳人大开眼界。

历经磨难

随着历史的风云变幻，教会学校在漫长的发展过程中历经无数变更。

1926年北伐战争席卷全国，湖滨大学学生惊醒，要求

学校取消圣经课和每周的礼拜式，学校因拒绝了这一要求被迫停办。

1927 年新年后，外国传教士纷纷回国。同年 2 月，海维礼全家也离开了中国。3 月时，海维礼先生因中风病逝于回美的船上。

1928 年，湖滨大学恢复办学。之后，海维礼之妻海光中也回到岳阳。

1929 年初，长沙雅礼大学、岳阳湖滨大学大学部、文华大学、武昌博文书院大学部、汉口博学书院大学部合并组成华中大学（今华中师范大学）。薛世和到华中大学任职。之后，湖滨大学更名为私立湖滨中学，郭发潜接任成为第三任校长，这是第一次由中国人担任湖滨中学校长。该校后又更名为私立湖滨高级农业职业学校，设高级农业科及初中二部。

抗日战争爆发后，1938 年 10 月，湖滨高级农业职业学校迁往湘西沅陵县，教学区位于县城塘巷 8 号，宿舍则设在马路巷 1 号，两地相距约 1 千米。当时，学校开设了农艺、园艺、畜牧、农家副业等项目。而普济医院的部分器材存放在岳阳湖滨黄沙湾校址处，岭南小学也短暂迁入办学，一些教会学校和医院的职工、教会信徒、城区商人等，共百余人也进入校内避难。

1940 年，湖滨大学增办了附属中学、小学，为激励学生上进，培养优秀人才，他们还创立了"会试助学金"。1941 年 12 月太平洋战争爆发后，留守学校的 4 位美国人被日军逮捕送往集中营，避难的中国人也纷纷逃离湖滨大学。驻岳阳日军则乘汽艇、木船前来抢掠，将学校所有的可动产洗劫一空。之后，湖滨学校又成为日军进攻长沙、聚集兵力、储存给养、诊治伤员的兵站基地。抗战胜利后，时任校长的刘进先率全校师生乘船从沅陵返回学校，此时已不见昔日风景优美的校园，漫山杂草丛生，满目皆是断壁残垣。

中华人民共和国成立后，岳阳教会学校收归国有，中学和岳阳农校继续开办。1951 年，学校由湖南省农业厅接管，改名为"湖南省立湖滨农林技术学校"。1959年暂停办学，后移交湘潭专署干部疗养所。1958年疗养所搬往醴陵后，学校产权收归岳阳县，基本处于闲置状态。

据1950年6月的登记内容，学校最后一任董事会的5名董事分别是：王育，时任湖光农场场长；李指南，时任临湘教会牧师；孟心全，时任中华基督教湖南大会干事；韦卓民，英国伦敦大学法学博士，时任武昌华中大学校长；惠施霖，美国人，毕业于美国耶鲁大学，时任美国复初会会计。

1951年中央人民政府接管湖滨大学时，全校共有西式建筑19栋，其中包括大寝室、大教室、理化馆、大礼堂、食堂、电机房及教堂各1栋，还有12栋教职员住宅。

改革开放后，因归属权问题，教会学校曾引发争议，后经各个部门及有关专家协商共议，最终达成一致，教会学校的产权与管理权归中共岳阳市委党校所有。2015年，岳阳市南湖新区教会学校文物管理所成立，对岳阳湖滨大学的保护和开发利用工作开启。

篇三　保护修缮的精彩

衰旧也许是时间带给建筑的伤痕，有着 115 年历史的岳阳教会学校绿树环绕、自然幽静，教学楼及校园环境无不散发着独特的历史气息。学校的修缮保护任务书明示，要原汁原味地保留住百年前湖滨大学整体及建筑单体的风貌，确保校园的安全运行。让建筑文化保留并升华是所有修复建设工作的初衷。毫无疑问，今日的岳阳教会学校既可供教育使用，也可作为有特色的建筑博览场所，更可作为展示百年中国教育文化发展脉络的文旅"金名片"。

The passage of time may leave scars on the buildings. With a history of 115 years, Yueyang Mission School is surrounded by green trees and naturally quiet, the teaching building and campus environment all exude a unique historical atmosphere. In the letter of the restoration and protection task of the university, it is clearly stated that the overall and individual building style of Lakeside University hundreds years ago should be preserved with original taste to ensure the safe operation of the campus. It is the original intention of all restoration and construction to preserve and sublimate architectural culture. Undoubtedly, today's Yueyang Mission School can not only be used for education of different schools, but also serve as a unique exhibition buildings, and it can also be used as a "golden card" of cultural tourism to show the development context of Chinese education and culture over the past century.

人为与自然的毁坏

    由于多种原因，截至 20 世纪末，岳阳教会学校遗留的建筑大多都已被损毁或被拆除，得以全貌保存的极少。这一方面是因使用不当，管理者保护意识薄弱，另一方面则是自然侵害所致。

岳阳教会学校建成后，在各个时期都曾受到不同程度的破损，主要是人为的不合理使用、年久失修和保护措施不当造成的。从 1902 年开始建造至今，岳阳教会学校历经沧桑，曾遭受战争的摧残，先后多次易主，再加上人们保护意识淡薄，对建筑使用不当、擅自改造，曾作为学校、疗养院等，也有相当长的时间处于闲置状态，保护管理部门也曾职责缺失，疏于管理和维护，从而导致建筑受到了

不同程度的损坏。局部墙体开裂，结构变形，墙皮脱落，屋檐和门窗木构件糟朽，门窗玻璃破损，植物根系附着，周边杂草丛生。学校内的建筑或闲置，或成了杂物用房。

为推进对教会学校的保护和开发利用，岳阳市委、市政府将该工程纳入"13118"南湖综合工程中。市领导多次来到教会学校进行专题调研，明确提出要建设岳阳教会学校遗址文化园，坚持保护与开发利用相结合的原则，并成立了岳阳教会学校保护与开发利用工作领导小组，南湖新区成立了教会学校遗址公园指挥部，岳阳市南湖新区教会学校文物管理所也正式挂牌成立。

保护历程

1983 年之前，岳阳教会学校建筑群的保护和维修工作先后由使用单位湖滨建设中学、湘潭专署干部疗养所、中共岳阳县委党校、岳阳县五七干校、中共岳阳市委党校等负责。直到 1983 年，岳阳教会学校的全部房产归中共岳阳市委党校所有，岳阳市特殊教育学校建立后，岳阳教会学校建筑群就位于中共岳阳市委党校和岳阳特殊教育学校两处院落之内，其保护管理和日常维护工作也就由两校负责。1996 年至今，岳阳市特殊教育学校和中共岳阳市委党校已经先后对教会学校进行了 4 次保护性维修。但由

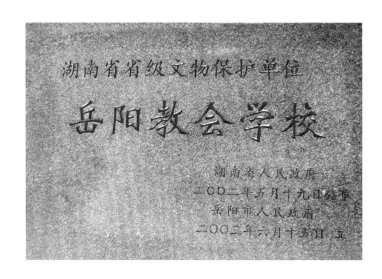

于缺乏专业技术的支持，建筑文物的原状受损，建筑文物受到不可逆的破坏。

岳阳教会学校于 2002 年成为湖南省省级文物保护单位，于 2013 年成为全国文物保护单位后，岳阳市委、市政府，该文物所属产权单位中共岳阳市委党校、岳阳市特殊教育学校，以及当地文物保护单位对教会学校建筑群的保护工作高度重视。岳阳教会学校所属产权单位通过自筹资金，争取市政府、市教委以及省文物局拨款投入等方式，对文物本体和周边环境进行维修与整治，资金投入超过 500 万元。同时，文物部门还积极与中共岳阳市委党校和岳阳市特殊教育学校合作，成立了"岳阳教会学校文物保护领导小组"，对岳阳教会学校的文物安全进行管理，制定和完善了各项保护措施和规章制度。

2014 年 7 月，岳阳市文物管理处与上海华东建筑设计研究院有限公司编制完成《全国重点文物保护单位岳阳教会学校建筑群保护修缮工程立项报告》，并报湖南省文物局、国家文物局审批。2015 年 2 月 17 日，国家文物局同意该项目立项。

2015 年 2 月，岳阳市人民政府将岳阳教会学校维修方

案正式列入 2015 年市政府工作报告进行督办。

2015年5月，岳阳市南湖新区成立岳阳教会学校文物管理所。

2017 年 4 月，岳阳教会学校建筑保护修缮工程正式启动。

2018 年末，岳阳教会学校建筑保护修缮工程完工，百年建筑重现风采，作为历史文化旅游项目对社会开放。

现存 13 栋建筑的基本状况如下。

外籍教师楼

又称红楼，原为岳阳教会学校外籍教师使用，兼具住宿与办公功能。现位于校区最北部。该建筑为二层砖木柱廊式，平面基本呈方形，东西长约 13.5 米，南北宽 12.8 米，建筑面积为 346 平方米。建筑西侧与南侧设转角柱廊，柱头上有竖向涡卷，是典型的欧式近代做法。廊部及室内采用大量繁复的灰塑高浮雕线脚。中式青瓦屋面，清水红砖外墙。人字屋架用圆木，外梁用钢筋混凝土预制件，首层地面架空。

链接

2022 年 9 月 23 日，103 周岁高龄的周令钊先生亲赴岳阳湖滨大学，参与校内"周令钊艺术馆"的筹建活动。他系杰出的中国现代美术家、设计家、教育家，他还是新中国国家形象的重要设计者之一，曾获中国美术奖·终身成就奖等多项荣誉。

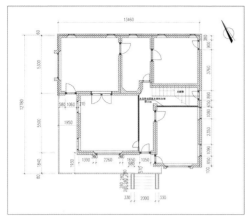

外籍教师楼一层平面图

外籍教师楼正立面图

校长楼

　　原为岳阳教会学校校长使用，兼具住宿与办公功能。二层砖木券廊式，建筑平面基本呈方形，东西长 19.4 米，南北宽 16.5 米，建筑面积为 640 平方米。平面采用四周外廊式布局，廊柱与内墙之间宽约 2.4 米，形成封闭式回廊，南侧回廊的正中设麻石踏步。南侧和西侧的外廊柱为圆柱，东侧和北侧的外廊柱为方柱，使用多立克及其变体柱式，立面形成券柱式构图。中式青瓦屋面，脊饰为中式六瓣花饰。建筑首层架空，上下两层均铺设木地板，设木栏杆，室内有导烟管，局部有地下室。

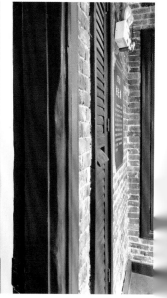

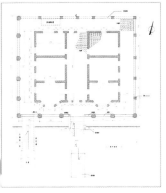

校长楼一层平面图

校长楼正立面图

教师楼

原为教会学校教师住宅兼办公场所。建筑坐东朝西，砖木结构，共二层。平面基本呈曲尺形，南北长 16.5 米，东西宽 15.6 米，建筑面积为 410 平方米。立面构图简洁，中式青瓦屋面，清水青砖外墙，西侧入口为砖砌券柱式构图，东南角设扶梯。二层设室外悬挑阳台，采用钢骨混凝土预制件，水泥栏杆。上下两层均铺设木地板，首层地面架空。

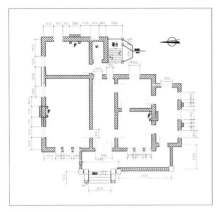

教师楼一层平面图

教师楼正立面图

教堂

    又称礼拜堂，原为岳阳教会学校的核心建筑之一，体现出岳阳教会学校的宗教办学背景。建筑风格为典型的哥特式。平面呈长方形，南北长 17.1 米，东西宽 14.1 米，建筑面积为 241 平方米，砖混结构，室内使用混凝土梁，尖塔的屋顶结构形式待考。教堂平面采用巴西利卡形制，主入口设在西向的长边上。教堂短边设有耳室，内部空间

由两列柱子划分为中厅和侧廊。中厅面积较大，为教徒做礼拜用，两侧的侧廊则用于忏悔祷告，满足宗教活动的需要。1999年，建筑遭雷击，顶部塌陷，仅存底层，但其框架、门窗得以保留。修复工作按原有的资料照片完成。

学生宿舍楼

　　学生宿舍楼位于教堂以南的黄沙湾中心位置，原为学生住宿使用，也是岳阳教会学校中体量最大的建筑。平面呈矩形，南北长 36.2 米，东西宽 19.3 米，建筑面积 1 398 平方米。建筑为砖木券廊式，共二层，每层设 12 间宿舍，共 24 间。主入口设于建筑东侧，楼梯位于建筑

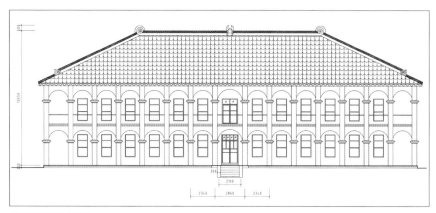

学生宿舍楼正立面图

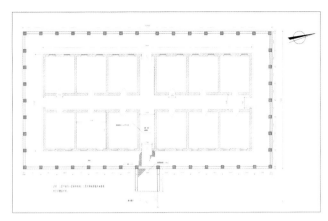

学生宿舍楼一层平面图

中间，宿舍沿走廊东西排布，每间宿舍各开两扇窗户朝向外廊，由此形成各自封闭独立又与外面通畅联系的空间。建筑外廊使用多立克柱式，形成券柱式构图，具有韵律感。清水青砖外墙面，中式青瓦屋面，琉璃剪边，屋脊有西式涡卷装饰。建筑为传统穿斗式构架，圆木檩条和楼面格栅，泥木条吊顶，砖砌栏杆，首层地面架空。

牧师楼

　　原为牧师的住房。建筑共二层，平面大体呈方形，只在东南端部凸出了一小部分。东西长 16.1 米、南北长 16.8 米，建筑面积 516 平方米。二层上部建有阁楼，东、南、西三面的阁楼设有天窗，以增加通风和采光。建筑主入口设在北侧，楼梯设在东南角。外墙刷红色涂料，立面无装饰，中式青瓦屋面，琉璃剪边。建筑为砖木结构，使用混合型木构屋架，在木屋架上放横向的木桁条。方木格栅楼地面，泥木条吊顶，底层地面架空。

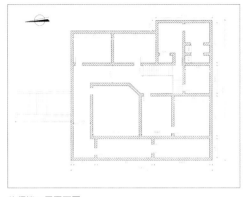

牧师楼二层平面图

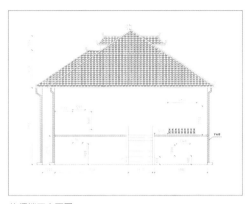

牧师楼正立面图

员工住宅

原为教职工宿舍，共 7 栋，呈曲尺形分布于黄沙湾东南坡下，其中 6 栋南北向一字排列，1 栋位于东南角。这 7 栋住宅的建筑形式、结构、面积以及用材等均一致。平面均为方形，长 11.04 米，宽 9.06 米，建筑面积 100 平方米，砖木结构。住宅前有券廊，券廊柱采用多立克柱式，屋顶为九脊歇山的形式，小青瓦屋面，琉璃剪边，白色抹灰外墙。进门后即为客厅，客厅两侧为耳室，后部为两个主卧，主卧之间用砖墙分隔出宽约 1 米的空间，设拱门，其中一间用来放马桶。

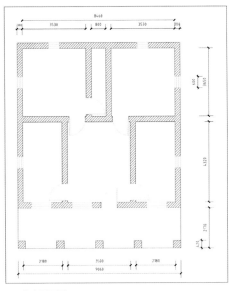

员工住宅平面图

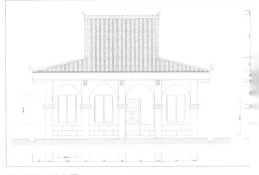

员工住宅正立面图

价值、影响及作用

岳阳教会学校地处国家级历史文化名城岳阳，西邻洞庭湖，北靠南湖，与岳阳楼相眺，地理位置优越，自然环境秀美，人文景观丰富。岳阳教会学校是岳阳文物古迹的重要组成部分。

有着 100 多年历史的岳阳教会学校，曾是外国殖民主义对我国进行经济和文化侵略的物证，却也带来了新的思想和理念，对岳阳当地的社会进步、文化发展、人文思想、城市建设等方面起到了引领和推动的作用。

岳阳教会学校是岳阳新式学校中最早的高等学校和现代教育的发源地。在此之前，岳阳当地的教育是以传统私塾教读形式为主，学生接受科举教育，学习四书五经。岳阳教会学校带来了全新的办学形式和教学内容。小学至大学共十二年的学制，形成了一个完整的教学体系。学生除了学习圣经、国文和日常基础知识外，也学习数学、物理、西方医学等新知识。

20 世纪 20 年代，国民政府教育部将教育权收归国有，仍允许外国人继续在中国办学，但校长一职开始由中国人担任，这为教会学校确立适合自己的办学方向和培养自己的人才创造了条件，为学校的未来发展和人才培养奠定了基础。

岳阳教会学校建筑群是中西建筑风格结合的典范，蕴含着丰富的历史价值、文化价值、艺术价值和技术价值，是研究岳阳地区近代建筑营造工艺的典型实例，也是近代以来岳阳地区开埠后中西交流和发展的见证。

这是岳阳市乃至湖南省至今保存的规模最大、功能最完备的西式建筑群。岳阳教会学校中的建筑在外观、平面布局、形制与功能上各具特色，教学楼和宿舍楼采用券廊式，教师楼、校长楼、牧师楼则是造型别致、布局自由的别墅式小洋楼。其中尤以外籍教师楼的建筑艺术成就最为

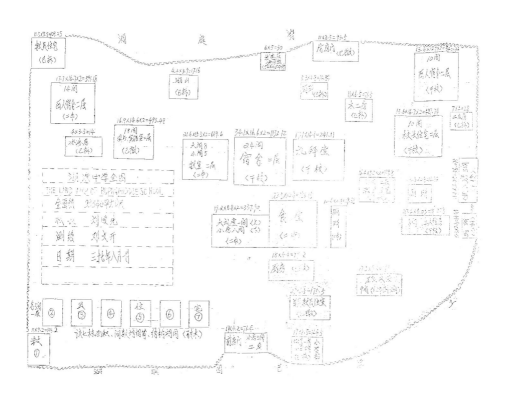

突出：它采用不对称布局形式，柱廊位于西南角，柱头上有竖向涡卷，具有爱奥尼柱式遗风，是典型的欧美近代建筑的做法；室内及廊部大量采用巴洛克灰塑浮雕线脚，具有欧陆建筑的装饰特点。教会学校的多数建筑均沿山丘的边缘起建，自然形成排湿、通风良好的地下室与架空层，与岳阳地区传统建筑的基础处理方式差别较大。壁炉、烟道、烟囱与房屋同时建造，建成后室内的取暖效果良好；建筑中大量使用了玻璃、高大的券门、高窗用于改善通风和采光条件，这些都为当地的建造技术、建筑理念注入了新的元素。

岳阳教会学校建筑群多为中式屋顶，西式墙身，在风格上表现为中西合璧。同时，建筑沿用了中国古代传统建造技术工艺，比如学生宿舍楼、教师楼的檐口屋面，采用了象牙椽飞、琉璃勾头滴水剪边瓦和本地小青瓦；又如券廊的廊架，沿用传统的穿斗或三步梁；脊部的处理类似本地做法，仅将正脊上的吻兽、戗脊上的戗兽换成西方的六瓣花饰或其他西式灰塑造型，使西方建筑风格与传统中国建筑风格有机结合，开创了岳阳现代建筑"古为今用，洋为中用"的先河，是中西建筑风格巧妙结合的典范，也是不可多得的建筑艺术精品。学校规模庞大，建筑数量较多，保存状况较为完整。通过参与学校建设，提高了岳阳当地建筑工匠们对新式建筑的认识水平和实际操作能力，可谓是研究西方建筑在岳阳建设和发展的不可多得的实物资料。

外籍教师楼
(1)
校长楼
(2)
职工宿舍
学员宿舍
教师楼
(3)
甑壁山路
黄
礼堂
图书馆
办公楼
沙
管理用房
商店
食堂
食堂
礼堂
求索大楼
办公楼
湾
教堂
(4)
行政楼
学生宿舍楼
(5)
中共岳阳市委党校
路
路
办公大楼
党
校
宿舍
岳阳特殊教育学校
图书馆
食堂
牧师楼
(6)
员工住宅
(7-13)

- - - - 党校院落范围
- - - - 特殊教育学校院落范围

岳阳教会学校是如今岳阳的又一张名片，东北靠"一龙赶九龟"的南湖，西临"九龙闹洞庭"的洞庭湖，与扁山相隔仅千米，与湖中的君山岛也只相距 7 000 米。沿湖风光带已成为岳阳旅游品牌和文化休闲的亮丽名片，位于沿湖风光带南边的岳阳教会学校则成为这条风景链

中难得一见的集自然风光和人文历史于一体的旅游景区。在岳阳旅游产业的发展布局中，港区、楼区、塔区及南湖旅游度假区已形成了 4 个大型风景片区，随着岳阳教会学校文物保护规划和文物维修方案的实施与完善，以及沿湖风光带建设的全面完成，作为岳阳历史文化名城的有机组成部分，岳阳教会学校必将成为岳阳楼 – 洞庭湖文化旅游度假区旅游开发中的一处亮点。

岳阳教会学校是重要的文化遗产。岳阳教会学校保存现状良好，自然环境优美，建筑群与周边环境非常协调，自然与人文环境和谐相生，遗产保护和利用工作正有序进行。学校远离尘嚣，西临烟波浩渺、水天一色的洞庭湖。这里古木参天，百年古樟巍峨挺拔，叠翠成荫，林木葱茏，遮天蔽日，杜鹃吐艳，丹桂飘香，紫微娇美，栀子芬芳，让人仿佛置身于幽雅的风景诗中，一幅幅艳丽的山水画映入眼帘，令人赏心悦目，神醉魂痴。这里优美的自然环境和中西建筑文化完美结合，成为岳阳城教书育人的好地方，成为一处自然与人文环境和谐相生的文化遗产。

在 1922 年编撰的《民国十年双十节湖滨大学二十周年纪念册》上，刊有该校毕业生彭德基、邓修儒、熊静云、詹易复等人为学校所做之赞文，其中邓修儒所作骈文体现出学生对学校的一片深情：

湖滨湖滨，复初会生。海氏携汝，来岳阳城。

始寓总堂，学名求新。不鸣则已，鸣则惊人。

满城桃李，多在公门。山阴道上，龙马精神。

宏图大启，雄踞洞庭。黄沙有幸，人杰地灵。

气吞云梦，秀溢湖滨。光荣三育，辉映文明。

翰墨因缘，胜友如云。高朋自远，凤起蛟腾。

如磋如切，相爱相亲。海外知己，天涯比邻。

行道有福，神听和平。春秋水逝，喜值兼旬。

双十佳节，冠利并行。荣膺学位，中外驰名。

济济多士，贺汝热心。相求相应，壮志可钦。

惟我不佞，何所持赠。丰记效愿，勉颂祝文。

聊为汝视，汝其听闻。如日之升，如月之恒。

如山之寿，如松之青。如桂之馥，如兰之馨。

如竹之苞，如渊之深。

今日，湖滨学校只剩下为数不多的百年遗址，这些老建筑历经了风霜雪雨的考验，似乎在向今人诉说着她曾经拥有的辉煌，林木茂盛的校园中，似乎还能听到当年莘莘学子们为中华崛起、民族振兴而努力学习的朗朗读书声。

岳阳教会学校（湖滨大学）培养的优秀学生

姓名	生卒年	主要贡献
袁浚	1901—1989	1916年入湖滨中学学习，后升入大学。将自己的全部精力投身于祖国的体育事业中，多次参加全国大型体育比赛的组织工作，为新中国体育事业的发展进步做出了积极的贡献，培养了大批体育人才
卢惠霖	1900—1997	1918年入湖滨中学学习，后升入大学。我国著名遗传学家、医用生物学和医用遗传学家，人类优生学家。我国医学遗传学的奠基人、开创者，我国生殖工程优生优育学的开拓者
李渠	1892—1946	早年毕业于湖滨大学。经同乡介绍加入中国同盟会。抗战时搜集敌后情报工作，侦察日军军事运输情报，不幸被驻防伪军拘捕，为保守机密，在狱中自缢而死。1946年被国民政府追赠为革命烈士，建坊立碑
陶广生	1889—1967	湖滨大学第一届毕业生。长期从事邮政工作，为国家的邮政事业发展做出贡献。因不满时任驻邮政总局日本代表的骄横气焰，愤然辞职，回到岳阳家乡，从事教育工作
李凤荪	1902—1966	湖滨大学毕业。长期从事农业生物科研及教学工作。出版我国第一部比较系统、实用的昆虫学著作《中国经济昆虫学》，被选为中国昆虫学会理事兼学部委员、中国农业科学院学术委员、《昆虫学报》编委
魏曦	1903—1989	1922年秋考入湖滨大学。曾担任中国医学科学院流行病学微生物学研究所名誉所长、中华预防医学会微生态学学会名誉主任委员，是中国人蓄共患病后微生态学学科奠基人
汤湘雨	1906—1941	湖滨大学文学士毕业。农业遗传细胞学专家，他通过杂交的方法改变农作物的遗传基因，以提高农作物的产量和抗病能力，为中国农民带来切实的利益。在一次外出考察时，汤湘雨先生不幸落水遇难
孔庆德	1916—2002	1934年6月毕业于湖滨中学高中普通第三班。曾任中华医学会中华放射学会常务理事、国家医药管理局装备司顾问等职务，是享受政府特殊津贴的有突出贡献的专家

姓名	生卒年	主要贡献
卢光舜	1917—1978	曾在湖滨大学附属小学和初中读书。抗战期间积极参加救护队，1943年毕业于美国耶鲁大学，获医学学士学位。曾任台湾荣民总医院副院长，有台湾胸外"第一刀"之称
梅可望	1918—2016	初中毕业于湖滨中学。台湾发展研究院董事长，台湾东海大学原校长。其父梅浩然是岳州复初会的基督教牧师，是海维礼最信任的华教士之一。梅先生热衷于内地社会公益事业。20世纪90年代，梅可望先生捐资，重修故乡桃林镇学校，该学校以梅先生的父亲梅浩然命名为浩然小学

有百年历史的岳阳教会学校，为国家与民族培养了大批出类拔萃的人才，他们之中的许多人曾是各条战线、各个领域的栋梁之材。这些人才或艰苦努力，英勇奋斗，为中国的发展建设做出了非凡卓越的贡献；或默默无闻，甘愿奉献，在平凡的岗位上做出了不平凡的业绩。他们值得今人敬仰，是后人世代学习的榜样。

100多年前，海维礼先生和家人、朋友为"传教"来到中国，来到岳阳；可能他们都不会想到，当年播下的种子，历经风雨沧桑，时代变迁，如今发生了如此巨大的变化。从最早的求新学堂（湖滨大学的前身）到今天的湖南理工学院、湖南民族职业学院、岳阳职业技术学院、华中师范大学等数所高等院校，从第一位在此学习英文的胡梅森小朋友，到卢惠霖、魏曦、袁浚等著名学者及为国家做出贡献的有识之士，学校在百年之中饱经沧桑。如今，它将继续见证岳阳市在新世纪发展壮大，在岳阳市新的城市发展战略中发挥积极作用，做出新的贡献。

附录

湖滨大学大事记

1900 年，基督教美国复初会传教士海维礼和传教士弗雷德来到湖南省岳州府巴陵县。

1902 年，正式设立小学求新学堂。这标志着岳州现代教育的开始，这也是湖滨大学的前身。

1904 年，海维礼在岳阳城南黄沙湾购地 13 亩（8666.7 平方米），开始筹备学校扩建。

1906 年，学校扩建工程正式开工。

1907 年，学校扩建工程完工。求新学堂从岳州城搬到黄沙湾，因与洞庭湖相邻，遂改名为盘湖书院，学校开始招收中学生。

1907 年，夏天时海维礼全家回到美国，送子女们上学，并为岳州复初会筹款。在美国教育部申请注册 The Lakeside Schools（即湖滨大学），湖滨大学获美国本科学位授予权。

1908 年，海维礼夫妇回到岳州。

1910 年，盘湖书院校舍全部建成，共 39 栋房屋。学校设立大学部。

1911 年，辛亥革命爆发，停课一年。

1912 年，盘湖书院更名为湖滨大学。形成从幼稚园、小学、中学到大学的完整国民教学体系。

1913 年 12 月，湖滨大学举行第一届毕业典礼。

1919 年，五四运动爆发，湖滨大学的学生们上街进行反帝爱国宣传。

1920 年，军兵闯入湖滨中学，副校长赖美德阻止，被败兵开枪打死，继由书记保尔格担任校长。

1921 年 5 月，湖滨大学举办首届运动会。

1922 年 7 月 11 日，湖滨大学正式注册美国华盛顿教育部。湖滨大学毕业文凭获美国教育部认证。

1923 年，湖滨大学足球队参加在湖南省长沙市举行的全国足球预选赛，获全省冠军。

1926 年 8 月，湖滨大学的学生受大革命浪潮的影响，反对上圣经课、做礼拜，因校方不同意，学校停办。

1927 年 1 月，外国传教士纷纷被遣回国。2 月，海维礼全家离开中国。3 月 3 日，海维礼因中风病逝于船上。

1928 年 2 月，美国复初会派美国传教士薛世和夫妇来岳阳，恢复湖滨大学，担任第二任校长。海维礼之妻海光中和女儿也回到岳阳，海光中回到湖滨大学。

1928 年 9 月，湖滨大学恢复中学、小学。

1929 年 1 月，长沙雅礼大学、岳阳湖滨大学大学部、文华大学、武昌博文书院大学部、汉口博学书院大学部合并组成华中大学（今华中师范大学）。薛世和在华中大学任职。

1929 年 2 月，湖滨大学更名为私立湖滨中学。郭发潜接任第三任校长。这是中国人第一次在该校担任校长。

1932 年 10 月，私立湖滨中学经南京国民政府教育部批准正式立案，同年增设高级农业职业科。

1933 年，学校更名为私立湖滨高级农业职业学校（简称湖滨农校）。

1937 年，海光中未随私立湖滨高级农业职业学校西迁，11 月 5 日在汉口逝世，后葬于汉口国际公墓。

1938 年 10 月，私立湖滨高级农业职业学校从华容县迁至沅陵办校。

1941 年 12 月，私立湖滨高级农业职业学校校园成为日军兵站。

1945 年 12 月，私立湖滨高级农业职业学校迁回黄沙湾原址。

1947 年，学校停办高级农业职业科，恢复高中部，更名为私立湖滨中学。

1951 年，私立湖滨中学由湖南省农业厅接管，改名为湖南省立湖滨农林技术学校，全校共有 19 栋建筑，包括大寝室、大教室、理化馆、大礼堂、食堂、电机房、教堂各 1 栋，教职员住宅 12 栋。

1952 年 8 月，湖南省立湖滨农林技术学校与湖南农学院高农部合并，组成湖南省长沙农业学校（湖南生物机电职业学院的前身之一）。

1952 年 9 月至 1953 年 8 月，新湖南建设中学（1953 年 3 月更名为岳阳一中，后更名为湖南省岳阳市第一中学、岳阳市一中）在此办学一年，原湖滨农林技术学校普高班、贞信女子中学初中部并入其中。

1953 年，学校改为湘潭专署干部疗养所。

1958 年，湘潭专署干部疗养所迁往醴陵后，开办中共岳阳县委党校和岳阳县建设中学。

1958 年至 1960 年，中共岳阳县委在此办公。

1965 年，成立岳阳湖滨中等农业技术学校。

1968 年，岳阳县委党校更名为五七干校。

1971 年，岳阳县建设中学更名为岳阳县第二中学。

1973 年，岳阳县第二中学更名为湖滨师范学校。

1975 年，岳阳县五七大学成立。

1979 年，岳阳县五七大学更名为岳阳县师范学校。

1980 年，岳阳县师范学校更名为岳阳县教师进修学校。

1981 年，岳阳撤县并市。原市委党校与原县委党校合并为中共岳阳市委党校。校址定在黄沙湾。

1983 年恢复岳阳县制，岳阳县市分家。岳阳县教师进修学校黄沙湾分校合并于岳阳教育学院，成为湖南理工学院的前身之一。

1983 年，学校全部房地产划归中共岳阳市委党校管理。

1983 年 9 月，将中共岳阳市委党校辟出一部分成立岳阳市聋哑学校，北部仍为中共岳阳市委党校办学。

1996 年 8 月，岳阳市聋哑学校筹集资金 27 万元，将湖滨园艺场征收的 7 栋员工住宅中的 6 栋的产权拿回。从 1997 年 3 月到 2000 年 6 月，先后对这 6 栋员工住宅进行维修，工程总投资 45.9 万元。

1998 年，岳阳市聋哑学校更名为岳阳市特殊教育学校。

2000 年初，中共岳阳市委党校筹集资金 20 万元，对原教会学校所属建筑进行了保护性维修，并按照第七批省级文物保护单位申报要求，积极组织相关材料。

2002 年 5 月 23 日，经湖南省人民政府批准，位于中共岳阳市委党校内的外籍教师楼、校长楼、教师楼、教堂和学生宿舍楼共 5 栋建筑成为省级文物保护单位。

2003 年，岳阳市文物处与中共岳阳市委党校、岳阳市特殊教育学校联合成立岳阳教会学校文物保护领导小组。

2003 年初，岳阳市政府专门拨款 1.5 万元，用于编制省级文物保护单位岳阳教会学校的"四有档案"。

2005 年 6 月，岳阳市教育局投资 96 万元，对属岳阳市特殊教育学校的 6 栋员工住宅进行保护性修缮。

2008 年秋，中共岳阳市委党校自筹资金近 10 万元，对外籍教师楼进行了整体维修。

2010 年，岳阳市有关部门正式将分属中共岳阳市委党校、岳阳市特殊教育学校和南湖风景区管理的 13 栋建筑合并成一个独立的文物保护单位进行资料申报和整理，充分发掘其历史、艺术和科学价值。

2011 年 1 月 24 日，湖南省人民政府公布第九批省级文物保护单位名录，将黄沙湾南部的 7 栋员工住宅和牧师楼增补为省级文物保护单位。

2013 年 3 月 5 日，国务院《关于核定并公布第七批全国重点文物保护单位的通知》下发，岳阳教会学校正式成为全国重点文物保护单位。

2013 年 5 月 27 日，国家文物局副局长童明康率国家文物局、国家旅游局督导组一行到岳阳检查旅游等开发建设中的文物保护工作。

2014年6月18日，住房城乡建设部和国家文物局联合组织的国家历史文化名城保护整改复查验收组一行8人，专程到岳阳教会学校考察。

2014年7月，岳阳市文物管理处与华东建筑设计研究院有限公司编制完成《全国重点文物保护单位岳阳教会学校建筑群保护修缮工程立项报告》，并报湖南省文物局、国家文物局审批。

2015年2月17日，国家文物局同意该项目立项，并下发了《关于岳阳教会学校保护修缮工程立项的批复》。

2015年5月，岳阳市南湖新区教会学校文物管理所成立。

2017年4月，岳阳教会学校建筑保护修缮工程由上海建设集团旗下的广东南秀古建筑石雕园林工程有限公司对13栋文物楼进行维修。

2018年年末，岳阳教会学校建筑保护修缮工程完工。

中国近代历史上部分教会大学

序号	所属城市	学校名称	成立时间	地理位置
1	北京	燕京大学	1919 年	海淀区颐和园路
2		辅仁大学	1927 年	西城区定阜大街
3	天津	天津工商学院（预科学校）	1921 年	河西区马场道
4	上海	沪江大学	1906 年	杨树浦区军工路
5		圣约翰大学	1879 年	长宁区万航渡路
6		震旦大学	1903 年	黄埔区重庆南路
7	苏州	东吴大学	1900 年	姑苏区十梓街
8	南京	金陵大学	1888 年	鼓楼区汉口路
9		金陵女子大学	1913 年	鼓楼区宁海路
10	杭州	之江大学	1845 年	西湖区之江路
11	广州	广州岭南大学	1888 年	海珠区新港西路
12	长沙	湘雅医学院	1914 年	岳麓区桐梓坡路
13	岳阳	湖滨大学	1907	岳阳楼区湖滨街道
14	武汉	华中大学	1926 年	武昌区昙华林
15	济南	齐鲁大学	1864 年	济南市文化西路
16	福州	福建协和大学	1915 年	马尾区魁岐村
17		华南女子大学	1908 年	仓山区上三路
18	成都	华西协和大学	1910 年	武侯区人民南路

当之无愧的 20 世纪教育建筑遗产
（编后记）

在中国的教会大学中，岳阳湖滨大学的名气似乎并不大，那么它为什么能在 2013 年成为第七批全国重点文物保护单位，又为什么能在 2019 年成为第四批中国 20 世纪建筑遗产项目呢？其中必有缘由，这也是中国文物学会 20 世纪建筑遗产委员会专家组于 2020 年 10 月中旬赴学校考察的初衷，这次考察不仅相当于对已推介项目的"后评估"，也促使我们产生了将这"瑰宝"及其中的故事传播出去的愿景。

岳阳教会学校文管所向景葵所长亲自驾车迎接，我们先参观了校区旁边刚刚修缮的员工住宅，后才步入校区。校园依山靠水而建，西边是洞庭湖，现在仍可看到湖滩与曾经的码头。湖滨大学与自然浑然一体，这与当下被推崇的山水校园有异曲同工之妙。据向所长介绍，这里不仅有中西合璧的建筑，更有与建筑融为一体的园林景观。我们首先参观的是在教堂大厅举办的展览，正是这个展览让我们对这座学校有了立体的认知——这里没有教会学校的威严与冷漠，却有学子们在温情与敬意中成长的片段，更有不迭的革命志士与英才为国献身的故事。

在常人记忆中，燕京大学、辅仁大学、金陵大学、圣

约翰大学、东吴大学、震旦大学等是中国赫赫有名的教会大学，可湖滨大学之所以能脱颖而出，必有其独特之处，我们归纳为以下几点。

其一，它传承岳阳城市文脉并受其滋养，校园建筑与景观历经一百多年仍保存完好。

其二，它不是由职业建筑师设计完成的项目，不同于燕京大学（美国建筑师墨菲）、辅仁大学（比利时艺术

家格里森）、华西协和大学（英国建筑师弗烈特·荣杜易等），它的设计及组织营造者只有美国牧师海维礼。

其三，作为湖南境内仅有的两所教会大学之一，它早在 1907 年创建之初就于美国教育部注册。

其四，它也是革命事件的发生地。其所蕴含的红色记忆会助推特色的人文历史

旅游品牌形成。

其五，岳阳教会学校拥有较好的完整性，它超越时间与空间，优雅存在于世，给今人太多共鸣与渲染，有充分的思考余地。

其六，它的运营维护管理不仅得益于后人对建筑群历史环境景观的尊重与呵护，更离不开其对遗产价值的认知与实践，保护工作既需要相关人员保持对中外多元文化及创立者的敬畏，建立对遗产本体敏感的保护意识，更需要大力传播以建筑遗产为基的本土文化。

在与向景葵所长及市区领导的交谈中，我们感受到，为推进"一带一路"建设、构建人类命运共同体，岳阳文保部门的专家积极传承文化基因，勇担使命。我们没有理由不站在中国 20 世纪建筑遗产的理性高度去梳理其发展历程，更没有理由不以大历史观的辩证态度看待其价值。岳阳教会大学校舍在建设的过程中倡导中西合璧的建筑风格，也拉开了中国现代建筑的序幕。

中国文物学会 20 世纪建筑遗产委员会秘书处及《中国建筑文化遗产》《建筑评论》编辑部，以高度的责任感与岳阳市南湖新区教会学校文物管理所共同编撰《洞庭湖畔的建筑传奇——岳阳湖滨大学的前世今生》一书，以彰显其专业价值，使相关的历史事件在业界与公众中传扬。当下，建筑活动已成为生活中的平凡事件，建筑理论研究也不应再是建筑人与文博人的"自留地"，关注岳阳湖滨学校中西合璧的建筑形式，使之在社会层面上广为传承，形成持续的影响力，便是改革的遗产观和开放观的体现。

为此，编撰团队克服疫情影响，在建筑摄影、资料收集、调查研究、真实性比对等方面做出了不懈的努力，旨在向社会及行业奉献有启迪价值的 20 世纪建筑遗产文化的出版物。再次感谢向景葵所长赠予的《湖滨大学》一书，也感谢相关文保修缮与设计的资料，它们都是本书得以完善的重要依据。

金磊

中国文物学会 20 世纪建筑遗产委员会副会长、秘书长

中国建筑学会建筑评论学术委员会副理事长

《中国建筑文化遗产》《建筑评论》总编辑

2021 年 8 月

参考文献

[1] 向景葵, 刘燕林, 周钟声. 湖滨大学 [M]. 北京 : 团结出版社, 2018.

[2] 周韦平. 岳阳教会学校总平面考证分析 [J]. 经济·管理·综述, 2018 (11): 132-135.

[3] 王溪. 岳阳教会学校的保护与利用研究 [D]. 北京 : 北京建筑大学, 2015.